客厅装修大图典
ILLUSTRATED BOOK OF LIVING ROOM DECORATION

简约风格 ▶
SIMPLE STYLE

本书编写组 编

海峡出版发行集团　福建科学技术出版社

图书在版编目（CIP）数据

客厅装修大图典. 简约风格 /《客厅装修大图典》编写组编. —福州：福建科学技术出版社，2015.3
 ISBN 978-7-5335-4749-3

Ⅰ. ①客… Ⅱ. ①客… Ⅲ. ①客厅–室内装修–建筑设计–图集 Ⅳ. ① TU767-64

中国版本图书馆 CIP 数据核字 (2015) 第 043266 号

书　　名	客厅装修大图典　简约风格
编　　者	本书编写组
出版发行	海峡出版发行集团
	福建科学技术出版社
社　　址	福州市东水路 76 号（邮编 350001）
网　　址	www.fjstp.com
经　　销	福建新华发行（集团）有限责任公司
印　　刷	福州德安彩色印刷有限公司
开　　本	889 毫米 ×1194 毫米　1/16
印　　张	10
图　　文	160 码
版　　次	2015 年 3 月第 1 版
印　　次	2015 年 3 月第 1 次印刷
书　　号	ISBN 978-7-5335-4749-3
定　　价	45.00 元

书中如有印装质量问题，可直接向本社调换

SIMPLE STYLE 001

植绒壁纸

墙砖

无纺布壁纸

浅啡网纹大理石

泰柚饰面板

墙贴

米黄洞

灰镜

米黄大理石

软包

银镜

木雕花

珠帘 银镜

榉木饰面板

复合实木板

有色乳胶漆

肌理壁纸

无纺布壁纸

大花白大理石

深啡网纹大理石

乳胶漆

亚光砖

金箔壁纸

爵士白大理石

亚光砖

啡网纹大理石

有色乳胶漆

雕花灰镜

SIMPLE STYLE

亚光砖　　　　　　　　　　　　　　　无纺布壁纸

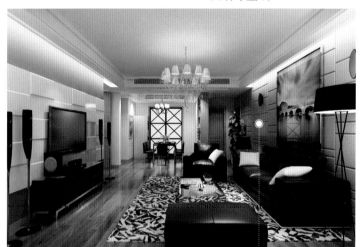

雕花灰镜　　　　　　　　　　　　　　软包

直绒壁纸

实木线条刷白漆

硬包

白色硬包

亚光砖

茶镜

木纹洞石

有色乳胶漆

米黄大理石

灰镜

铁刀木饰面板

爵士白大理石

金铂

木纹洞石

玻化砖

黑镜

文化石

灰镜

软包

复合实木板

肌理壁纸

金丝米黄大理石

复合实木板

银镜

雅士白大理石

灰镜

可板　　　　　　　　　　亚光砖　　　　　灰镜

木纹洞石　　　　　　　　仿古砖斜拼

米黄洞石

无纺布壁纸

植绒壁纸

玻化砖

马赛克

015
SIMPLE STYLE

米白洞石

银线米黄大理石

光砖

茶镜

皮纹砖

米色大理石

无纺布壁

枫木饰面板

雕花茶镜

茶镜

SIMPLE STYLE 017

壁纸

仿古砖

通花板

无纺布壁纸

灰镜

有色乳胶漆

复合实木

银线米黄大理石

无纺布壁纸

通花板

有色乳胶漆

米色墙砖

柚木饰面板

白色烤漆面板

柚木饰面板

银镜　　　　　硬包

亚光砖　　　　复合实木地板

米色墙砖

有色乳胶漆　　　　　　　　　　　　　　　　黑镜

木纹洞石　　　　　　　　　　　　　　　　木纹大理石

无纺布壁纸

雕花茶镜

肌理漆

白桦木饰面板

无纺布壁纸

白橡牙饰面板

陶瓷马赛克

木饰面板

无纺布壁纸

有色乳胶漆

旧米黄大理石

砖墙刷白漆

米黄大理石

啡网纹大理石

雕花银镜

马赛克

雅士白大理石

卷草纹壁纸

肌理壁纸

仿古砖

爵士白大

复合实木地板

破化砖

爵士白大理石

简约风格 027
SIMPLE STYLE

皮纹砖

雕花银镜

米黄大理石

有色乳胶漆

密度板雕花

茶镜

木纹大理石

有色乳胶

黑色烤漆玻璃

灰镜

硅藻泥

榉木饰面板

白色墙砖斜拼

木纹大理石　　　茶镜

银镜

复合实木地板

灰

马赛克

水曲柳饰面板

木纹大理石

白橡木饰面板

复合实木地板

有色乳胶漆

亚光砖

硬包

银镜

复合实木地板

银镜

有色乳胶漆

黑镜

茶镜

植绒壁纸

砖

雕花银镜

米黄大理石

灰木纹大理石

灰

银镜

爵士白大理石

印花壁纸

无纺布壁纸

文壁纸

黑色烤漆玻璃

布面板

烤漆面板

有色乳胶漆

皮纹砖

车边银镜

条纹壁纸

SIMPLE STYLE 037

茶镜　　　　　金丝米黄大理石　　　　　米黄大理石

植绒壁纸　　　　　无纺布壁纸

饰面板做旧处理

无纺布壁纸

金丝米黄

米色墙砖

银镜

爵士白大理石

色烤漆玻璃

雕花茶镜

条纹壁纸

银镜

灰镜

无纺布壁纸

木纹大理石

植绒壁纸

车边茶镜

简约风格 041
SIMPLE STYLE

密度板雕花

茶镜

金镜

无纺布壁纸

木纹大理石

肌理漆

肌理壁纸

亚光砖

米黄大理石

黑色烤漆玻璃

黑白瓷片

简约风格 043
SIMPLE STYLE

米黄大理石

银镜

艺术玻璃

玻化砖

白影木饰面板

木造型刷白漆

有色乳胶漆

无纺布壁纸

银镜

白色烤漆面板

木纹地砖

软包

无纺布壁纸

银镜

黑镜

肌理漆

灰镜

马赛克

硬包

米黄大理石

软包

米黄大理石

黑镜

旧米黄大理石

指接板

黑镜

钢化玻璃

条纹壁纸

有色乳胶漆　　　　印花壁纸　　　　仿古砖

布壁纸　　　　大花白大理石

银镜

银镜

黑色烤漆玻璃

灰镜

米黄洞石

爵士白大理石

简约风格 051
SIMPLE STYLE

浅啡网纹大理石

仿古砖

银镜

银线米黄大理石

实木雕花

爵士白大理石

亚光砖

镜面马赛克

肌理壁纸

大理石

墙砖

浅啡网纹大理石

壁纸

雅士白大理石

灰镜

皮革软包

茶镜

黑色烤漆玻璃

银镜

大花白

大花白大理石

文大理石

植绒壁纸

银镜

金丝米黄大理石

钢化玻璃　　　　　雕花银镜　　　　　印花壁纸

水曲柳饰面板　　　　　红色烤漆玻璃

复合实木地板

简约风格 057
SIMPLE STYLE

灰镜　　　　　　　　银线米黄大理石

木饰面板　　　　　　黑镜

肌理壁纸

肌理壁纸

浮雕壁纸

艺术墙砖

指接板

玻化砖

简约风格 059
SIMPLE STYLE

灰镜

米黄洞石

黑色烤漆玻璃

实木线条刷白漆

茶镜

沙比利饰面板

银镜

仿古墙砖

啡网纹大理石

大花白大理石

大花白大理石

灰镜

砂岩

银镜

雅士白大理石

肌理壁纸

条纹壁纸

玻化砖

镜面马赛克

无纺布壁纸

皮纹砖

植绒壁纸

皮革软包

植绒壁纸

皮革软包

铁艺

车边银镜

灰镜

浮雕壁纸

纹大理石

硅藻泥

爵士白大理石

木纹大理石

灰镜

珠帘

玻化砖

镜面马赛克

皮革软包　　爵士白大理石

灰镜　　　　　　　　　　　　米黄大理石

布艺软包

斑马木饰面板

有色乳

植绒壁纸

艺术墙砖

有色乳胶漆　　复合实木板

砂岩　　复合实木地板　　艺术墙砖

实木雕花

大花白大理石

植绒壁纸

啡网纹大理石

红镜

马赛克拼花

珠帘

灰镜

银线米黄大理石

大理石

灰木纹大理石

米黄洞石

有色乳胶漆

木纹大理石

木纹洞石

茶镜

简约风格 073
SIMPLE STYLE

斑马木饰面板

硬包

肌理漆

肌理壁纸

木帘

砂岩砖

柚木饰面板　　　　　　　　　瓷片

爵士白大理石

SIMPLE STYLE 075

黑色烤漆玻璃

银镜

灰木纹大理石

米黄洞石

软包

枫木饰面板

有色乳胶漆

通花板

木造型刷白漆

白影木饰面板

银镜

植绒壁纸

银箔壁纸

实木通花板

玻化砖

复合实木地板

活动屏风

PVC壁纸

有色乳胶漆

浅啡网纹大理石

大花白大理石

墙贴

密度板雕花

黄色墙砖

有色乳胶漆

无纺布壁纸

灰镜

黑镜

软包

茶镜

镜面马赛克

有色乳胶漆

软包

灰木纹大理石

雕花银镜

墙砖

艺术墙砖

有色乳胶漆

皮纹砖

无纺布壁纸

亚光砖

黑白根大理石

复合实木板

车边灰镜

克

仿古砖

米黄洞石

有色

墙贴

黑色烤漆玻璃

米黄大理石

软包　　　　米黄大理石　　　　　　　　有色乳胶漆

实木通花板　　　　　　　　　　　实木线条刷白漆

无纺布壁纸

实木雕花

肌理漆

银镜+雕花板

肌理壁纸

灰镜

简约风格 087
SIMPLE STYLE

无纺布壁纸

肌理壁纸

布艺软包

墙砖

复合实木地板

灰镜

玻化砖

肌理壁纸

钢化玻璃

灰镜

复合实木板

钢化玻璃

灰木纹大理石　　爵士白大理石

灰镜

复合实木板

黑镜

灰镜

橡木饰面板

玻化砖

银镜　　　　　　　　　　灰木纹大理石

硬包

复合实木地板

沙比利饰面板

指接板

白橡木饰面板

丙烯颜料图案

马赛克

灰木纹大理石

黑色烤漆玻璃

雕花灰镜

布艺软包

木纹砖

钢化玻璃

米黄色墙砖

银线米黄大理石

玻化砖

灰木纹大理石

雨林啡大理石

灰镜

钢化玻璃

大花绿大理石

钢化玻璃

碎花壁纸

大理石

车边银镜

皮纹砖

木纹大理石

米黄大理石

软包

红橡木饰面

简约风格 099
SIMPLE STYLE

烤漆面板

软包

红橡木饰面板

布艺软包

实木通花板

有色乳胶漆　　　　　　复合实木地板　　　　　　黑色烤漆玻璃

浅啡网纹大理石　　　　　　无纺布壁纸

有色乳胶漆

有色乳胶漆　　　　　白橡木饰面板

壁纸　　　　　　　　肌理壁纸

米黄大理石

柚木饰面板

玻化砖

无纺布壁纸

泰柚饰面板

灰镜

白橡木饰面板

植绒壁纸

大花白大理石

水曲柳饰面板

灰镜

茶镜　　　　　　　　　　　　有色乳胶漆　　　　浮雕壁纸

复合实木地板　　　硬包

马赛克拼花

通花板

实木地板

条纹壁纸

肌理壁纸

肌理漆

艺术壁纸

米黄大理石

砖墙刷漆

印花灰镜

复合实木地板

无纺布壁纸

PVC壁纸

肌理漆

软包

啡网纹大理石

复合实木地板

银狐大理石

有色乳胶漆

亚克力板

爵士白大理石

艺术地毯

啡网纹大理石

爵士白大理石

有色乳胶漆

皮革饰面板

黑白根大理石

软包

米黄大理石

复合实木地板

银镜

无纺布壁纸

复合实木地板

有色乳胶漆

爵士白大理石

肌理漆

实木通花板

橘皮红大理石

有色乳胶漆

皮革软包

简约风格
SIMPLE STYLE 113

爵士白大理石

图案

硅藻泥

纹砖

硅藻泥

肌理漆

有色乳胶漆

雅士白大理石

硅藻泥

大理石雕花

灰木纹大理石　　　　有色乳胶漆

米黄洞石　　　　玻化砖

木纹大理石

木纹大理石

木纹大理石

米黄洞石

大花白大理石

有色乳胶漆

木纹大理石

爵士白大理石

金丝米黄大理石

米黄大理石

密度板雕花

米黄洞石　　　　　　　　　　米黄洞石

有色乳胶漆　　　　　米黄大理石

柚木饰面板

灰镜　　　　　　　　　　　　　植绒壁纸

马赛克　　　　　　　　　　　　植绒壁纸

大花白大理石

密度板雕花

有色乳胶漆

植绒壁纸

马赛克

无纺布壁纸

木纹大理石

砖墙刷白漆

黑镜

复合实木地板

银镜

无纺布壁纸

亚克力板

灰镜

雕花银镜

木纹洞石

印花壁纸　　　　　　　　　　　　　植绒壁纸

理壁纸　　　　　　　　　　　　　　皮纹砖

玻化砖

有色乳胶漆

植绒壁纸

复合实木板

木造型刷白漆

斑马木饰面板

简约风格
SIMPLE STYLE

灰镜

银镜

实木通花板

有色乳胶漆

灰木纹大理石

灰镜

亚光砖

灰镜

大花白大理石

雅典白大理石

SIMPLE STYLE

有色乳胶漆

樱桃木饰面板

车边银镜

玻化砖

爵士白大理石

车边银镜

砂岩

铁艺

通花板

植绒壁纸

玻化砖

米黄大理石

白色乳胶漆

车边银镜　　　　　雕花银镜

有色乳胶漆　　　　灰镜

墙贴

实木

复合实木地板

灰木纹大理石

密度板雕花

米黄洞石

灰镜

皮纹砖

米黄大理石

有色乳胶漆

玻化砖

雅典白大理石

爵士白大理石

榉木饰面板

砖墙刷白漆

肌理壁纸

白橡木饰面板

银镜　　　　　　　　　　　　　　　　　　　　复合实木

黑色烤漆玻璃　　　　　　　实木地板　　　肌理壁纸

肌理壁

肌理壁纸

白大理石　　　　　　　　复合实木板　　　　　　　　　　　　　肌理漆

镜

黑色烤漆玻璃　　　　　　　玻化砖

软包　　　　　　硬包　　　　　　米黄洞石

无纺布壁纸

雅士白大理石

黑镜

大理石地板

有影慕尼加饰面板

爵士白大理石

木纹洞石

复合实木板

雅士白大理石

无纺布壁纸

铁刀木饰面板

水曲柳饰面板

复合实木地板

肌理壁纸

世纪米黄大理石

玻化砖

爵士白大理石

红镜

黑色烤漆玻璃

木造型

银镜

人造大理石

雕花银镜

黑镜

榉木饰面板

米黄洞石

银箔壁纸

PVC 壁纸

米黄大理石

银镜

植绒壁纸　　　　　　　　　　　　　　　无纺布壁纸

有色乳胶漆　　　　　　　　　　　　　　橡木饰面板

灰镜

条纹壁纸

印花壁纸

木纹墙砖

玻化砖

艺术玻璃

复合实木地板

榉木饰面板

深啡网纹大理石

玻化砖

黑镜

马赛克

复合实木板

无纺布壁纸

灰镜

爵士白大理石

米黄洞石　　　　　　枫木面板　　　　　　　　木纹地板

有色乳胶漆　　　　　　　　　　　　　　　　　复合实木板

雅士白大理石

无纺布壁纸

雕花灰镜

银镜

爵士白大理石

钢化玻璃

爵士白大理石

米黄大理石

灰木纹大理石

黑镜

马赛克

银镜

无纺布壁纸

皮纹砖

肌理壁纸

木纹大理石

仿古砖

金丝米黄大理石

黑白银大理石

灰木纹大理石

实木雕花

茶镜

米黄大理石

灰镜 条纹壁纸

实木通花板

简约风格
SIMPLE STYLE

灰镜

乳胶漆

硬包

玻化砖

复合实木地板

银镜

植绒壁纸

钢化玻璃

米色墙砖

植绒壁纸

玻化砖

灰镜

有色乳胶漆

黑镜

爵士白大理石

灰镜

复合实木地板

沙比利饰面板

实木通花板

爵士白大理石

实木窗花格

黑镜

亚光砖

有色乳胶漆

白橡木

玻化砖

亚光砖　　　　　米黄大理石

黑镜　　　　　玻化砖

硬包